LIFE ASCENDING

生命简史

穿越地球46亿年 ①

有生命的星球

贾跃明
主编

刘树臣
王原
王永栋
副主编

央美阳光 绘

化学工业出版社
·北京·

本书编委会名单

主　编

贾跃明　中国古生物化石保护基金会理事长，国家古生物化石专家委员会第一、二、三届副主任，中国自然科学博物馆学会原副理事长，自然（原国土）资源部科普基地管理办公室原主任，中国地质博物馆原馆长、研究员，《地球》杂志原总编辑

副主编

刘树臣　中国古生物化石保护基金会专家委员会副主任，中国地质博物馆原副馆长、研究员

王　原　中国古生物化石保护基金会专家委员会副主任，中国古动物馆馆长，中国科学院古脊椎动物与古人类研究所研究员

王永栋　中国古生物化石保护基金会专家委员会副主任，南京古生物博物馆馆长，中国科学院南京地质古生物研究所研究员

编　委（按姓氏笔画为序）

王小明　上海科普教育发展基金会常务副理事长，中国自然科学博物馆学会原副理事长，上海科技馆原馆长、研究员

王丽霞　中国古生物化石保护基金会专家委员会副主任兼秘书长，国家古生物化石专家委员会办公室原专职副主任，中国地质博物馆研究员

任　东　国际古昆虫学会副主席，首都师范大学教授

江大勇　北京大学地质博物馆馆长，北京大学地球与行星科学学院教授

李继江　中国古生物化石保护基金会副理事长兼秘书长，原国土资源部副巡视员

陆建华　中国古生物化石保护基金会副理事长，中国观赏石协会古生物化石专业委员会主任

欧阳辉　中国自然科学博物馆学会原副理事长，重庆自然博物馆原馆长，成都理工大学教授

孟庆金　中国自然科学博物馆学会副理事长，国家（北京）自然博物馆原馆长、研究员

徐　莉　河南自然博物馆馆长、研究员

高　星　中国科学院古脊椎动物与古人类研究所原副所长、研究员

姬书安　中国古生物化石保护基金会专家委员会副主任，中国地质科学院地质研究所研究员

图书在版编目（CIP）数据

生命简史：穿越地球46亿年．有生命的星球 / 贾跃明主编；刘树臣，王原，王永栋副主编；央美阳光绘．

北京：化学工业出版社，2024．10． —— ISBN 978-7-122-46341-8

Ⅰ．Q1-0；Q10-49

中国国家版本馆 CIP 数据核字第 2024JQ0139 号

责任编辑：刘莉珺　张　曼　　　　　　　文字编辑：焦欣渝　王婷婷
责任校对：王鹏飞　　　　　　　　　　　封面设计：尹琳琳

出版发行：化学工业出版社（北京市东城区青年湖南街13号　邮政编码100011）
印　　装：北京宝隆世纪印刷有限公司
889mm×1194mm　1/16　印张4¹/₂　字数76千字　2025年1月北京第1版第1次印刷

购书咨询：010-64518888　　　　　　　售后服务：010-64518899
网　　址：http://www.cip.com.cn
凡购买本书，如有缺损质量问题，本社销售中心负责调换。

定　　价：38.00元　　　　　　　　　　　　　　　　　版权所有　违者必究

前言

PREFACE

　　在辽阔的太阳系中，地球是我们目前所知的唯一有生命存在的星球。在这个星球的每个角落，无论是高山或大漠，还是极地或海洋，都有生命的踪迹。可是，你知道吗？生命的出现并不简单。毕竟在46亿年前，那时候地球刚刚诞生，上面一片死寂。

　　那么，生命又是如何出现的呢？其实，问题的答案写在每一个物种的细胞里，这是一个非常漫长的故事，是一部没有终章的传记，起点至少可以追溯到38亿年前，生命从那时诞生，然后不断演变、更新、进化……如此才造就了现代纷繁复杂的局面，这之中有太多我们未曾想到和目睹的场景，毕竟人类也只出现了几百万年。

　　在漫长的演化历史中，有许多生物曾经光临过这个世界，又因为种种原因走向消亡。但是大自然并没有彻底抹除它们存在的痕迹，化石就是它们曾"活过"的证据。化石是生命的印记，也是历史的向导，无声地讲述着生命演化的精彩故事。

　　想要知道生命演化的秘密吗？请到《生命简史：穿越地球46亿年》中找寻吧！生动的文字、精致的手绘插图，将地球生命演化的宏大画面和壮阔场景展现在读者面前，相信定会让您享受一场精彩绝伦的精神盛宴。

目录
C O N T E N T S

宇宙的起源

无论是我们居住的地球，还是太阳系，都处在宇宙之中。可以说没有宇宙，一切都不可能出现，生命也就无从谈起。那么，宇宙又是什么样的呢？

人类从未停止探索宇宙的奥秘。远古时代，人们对宇宙的认知非常主观。在中国西周时期，天文学家提出了盖天说，即天像一口锅，倒扣在平坦的大地上。后来，盖天说又得到了发展，认为大地的形状也是拱形的。古巴比伦人认为，天和地都是拱形的，大地被海洋环绕，而中央是高山；古埃及人把宇宙想象成以天为盒盖、大地为盒底的大盒子，大地的中央是尼罗河；而古印度人想象的宇宙，则是圆盘形的大地伏在几只大象上，大象站在巨大的龟背上。

最早认识到地球为球形的是古希腊人。公元前6世纪，毕达哥拉斯认为一切立体图形中最美的是球形，所以他认为天体和我们所居住的地球都是球形的。

公元2世纪，天文学家托勒密提出了一个完整的地心说，认为地球在宇宙的中央，月亮、太阳、行星以及最外层的恒星都在以不同速度绕着地球旋转，这一学说在欧洲流传了1000多年。

16世纪，天文学家哥白尼提出日心说，他认为太阳位于宇宙中心，而地球是一颗沿圆轨道绕太阳公转的普通行星。

20世纪初，爱因斯坦运用他创立的广义相对论建立了一个"静态、有限、无界"的宇宙模型，奠定了现代宇宙学的基础。随着观测技术的发展和越来越多事实依据的出现，科学家认为，宇宙是时间和空间以及一切事件、物体、能量的总和。它和生命体一样，也会经历一个从诞生到死亡的过程，这个假说被称为宇宙大爆炸理论。

在大爆炸之前，宇宙非常安静，没有一丝光亮，也没有一点空间。这时候宇宙是一个密度无限大、温度无限高和能量无限大的点，被称为奇点。

大约在138亿年前，这个奇点不知道由于什么原因"爆炸"了，碎裂成了许多碎片，这些碎片慢慢向四面八方蔓延开来，形成了我们现在的宇宙，从此以后，也就有了时间和空间。

时间	10^{-43} 秒	10^{-32} 秒	10^{-6} 秒	

约 10^{32}℃	约 10^{27}℃	约 10^{13}℃

宇宙经历了一次超快的"膨胀"。	宇宙发生了爆炸，引力已经分离出来。	粒子期，质子和中子及其反粒子形成。

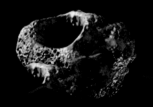

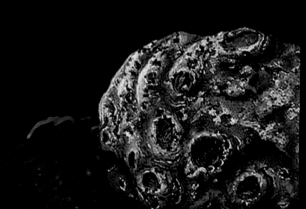

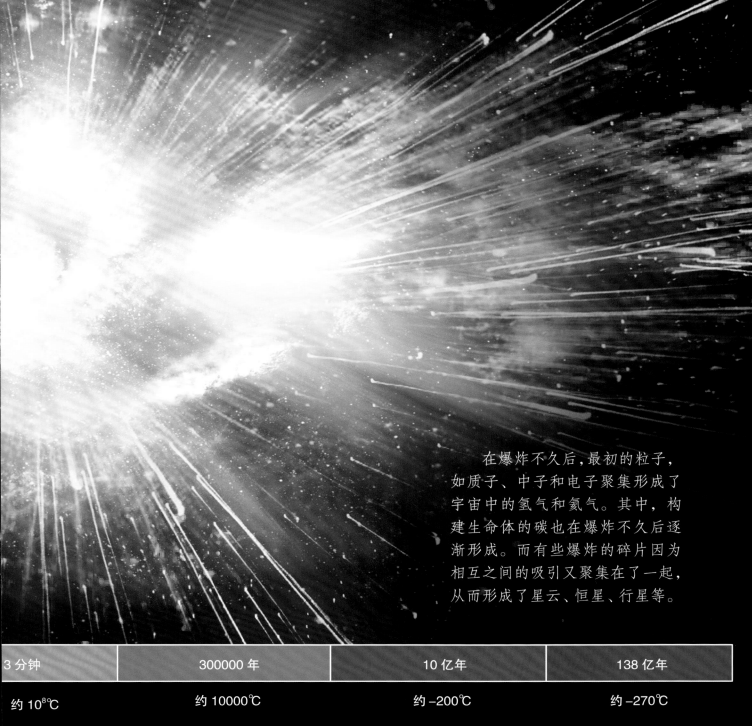

在爆炸不久后,最初的粒子,如质子、中子和电子聚集形成了宇宙中的氢气和氦气。其中,构建生命体的碳也在爆炸不久后逐渐形成。而有些爆炸的碎片因为相互之间的吸引又聚集在了一起,从而形成了星云、恒星、行星等。

3 分钟	300000 年	10 亿年	138 亿年
约 10^8℃	约 10000℃	约 -200℃	约 -270℃
宇宙面积膨胀到现在的银河系大小,温度下降到100 亿摄氏度。质子和中子这两种微粒开始聚集,并形成第一个原子核。	电子与质子和中子结合形成了原子,当时,宇宙的主要成分是氢、氦、锂等。	重力使氢气和氦气结合形成巨大的云团,这些云团将变成星系,更小的气体团块坍缩形成了第一批恒星。	宇宙还在膨胀,但速度要慢很多。我们的太阳已经是第二或第三代恒星了。

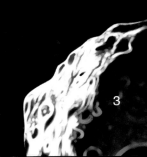

恒星的摇篮——星云

　　宇宙之中存在很多物质，有些是我们看得见的星际气体、尘埃和粒子流等，有些是我们用肉眼看不见的暗物质。看得见的气体和尘埃有时候会聚集在一起，形成云雾状的天体，人们形象地把它们称为"星云"。

蝴蝶星云

　　星云中的一些气体和尘埃因为引力的关系而向内收缩，逐渐组成一团。气团越聚越大，达到一定体积和质量后就可能发生核聚变，从而形成一颗新的恒星，因此可以说星云是生成恒星的摇篮。

　　星云可以分为弥漫星云、行星状星云等几种形态。
　　弥漫星云没有明显的边界，常常呈不规则形状，比较著名的有蝴蝶星云、猎户座大星云、鹰嘴星云等。

鹰嘴星云

星云的体积十分庞大，一个普通星云的质量相当于上千个太阳，半径大约为 10 光年。不过它的密度非常小，有些地方还存在真空。

猎户座大星云

猫眼星云

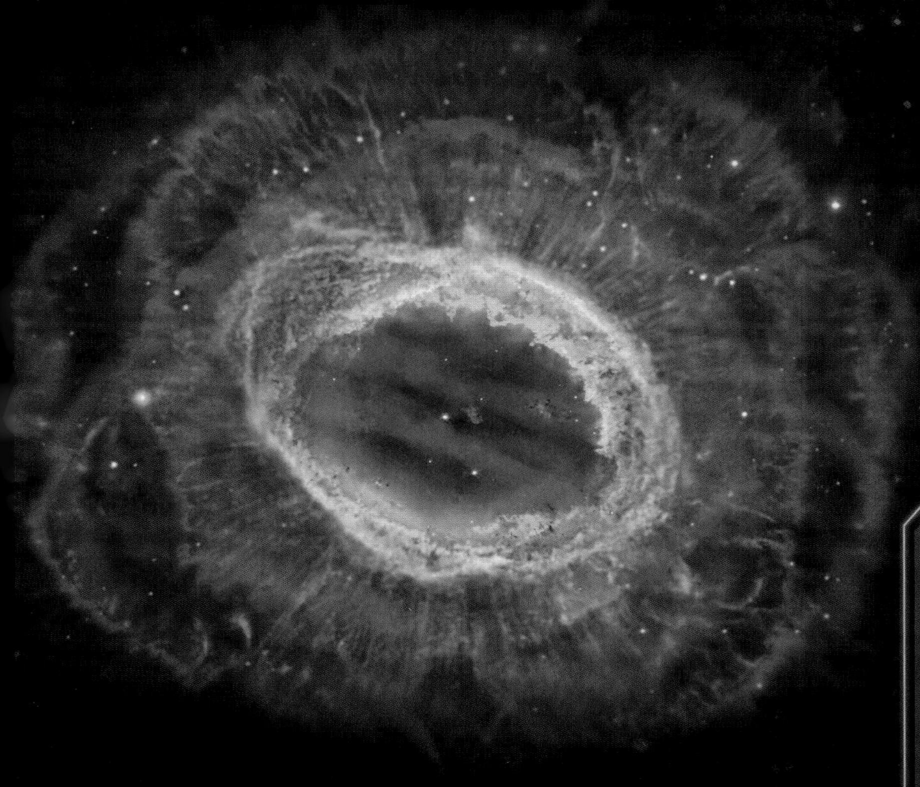

环状星云

行星状星云的外形呈圆盘状或环状，是濒死恒星的气体和尘埃向四周扩散形成的一种星云，外形像吐出的烟圈。著名的有环状星云和猫眼星云。

太阳系是如何形成的？

太阳是一颗恒星，在它周围有 8 颗大行星、5 颗矮行星，还有无数颗小行星以及彗星，它们都围绕着太阳运动，共同构成了太阳系。

太阳系诞生于大约 46 亿年前的一片庞大的气体尘埃云，天文学家称其为太阳星云。这片弥漫的星云是一个巨大无比的球形云团，质量是现在太阳的好多倍，温度也很低。

太阳星云最初转得很慢很慢，后来因为引力的作用，云团开始凝聚成形，并且坍缩、聚团。随着太阳星云不断加速旋转，星云粒子间的碰撞让星云变成了扁平的圆盘，中央区域的温度也在这场"裂变"中不断升高，太阳开始有了雏形。

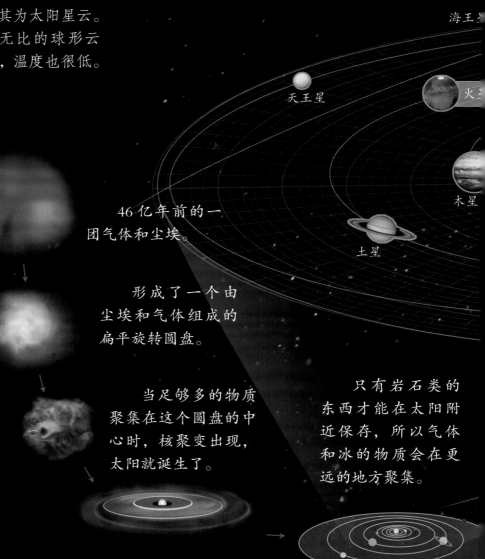

46 亿年前的一团气体和尘埃。

形成了一个由尘埃和气体组成的扁平旋转圆盘。

当足够多的物质聚集在这个圆盘的中心时，核聚变出现，太阳就诞生了。

只有岩石类的东西才能在太阳附近保存，所以气体和冰的物质会在更远的地方聚集。

天王星

海王星

火

木星

土星

一些尘埃颗粒和冰态颗粒在旋转过程中碰撞粘连，在引力的作用下吸引更多的物质，这就形成了行星。

太阳系里有很多大大小小的行星，这些行星是太阳如假包换的"血亲"。太阳形成之初消耗了原始太阳星云中 99.8% 的物质。剩下的物质在引力的作用下形成了一个围绕新生恒星的气体尘埃盘。当这个盘中的尘埃颗粒围绕太阳运动的时候，彼此发生碰撞，并且渐渐地聚合长大，就形成了这些行星。

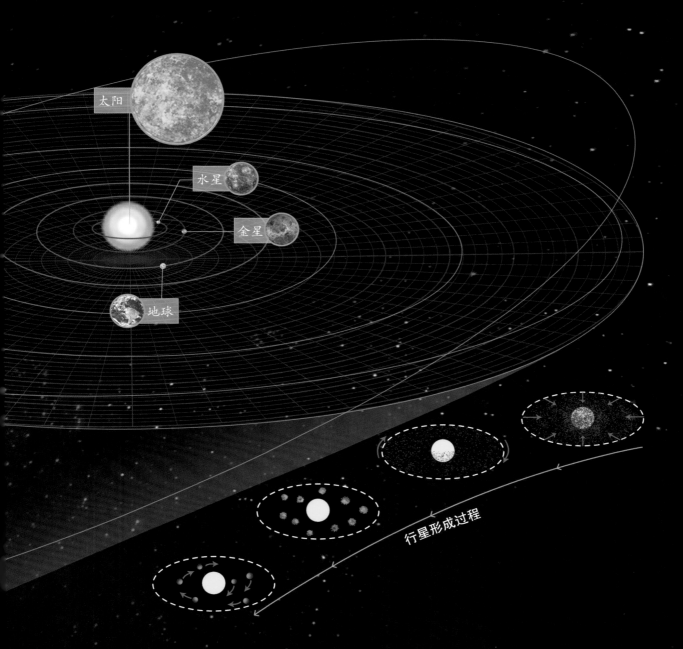

太阳

水星

金星

地球

行星形成过程

在盘的最内部，由于太阳的核反应已经被点燃，高温使得只有金属和高熔点的含硅矿物才能幸存下来。这样一来也限制了尘埃可聚合的大小，这一区域中的天体最终凝聚形成了内太阳系的 4 颗体形较小的岩质行星——水星、金星、地球和火星。

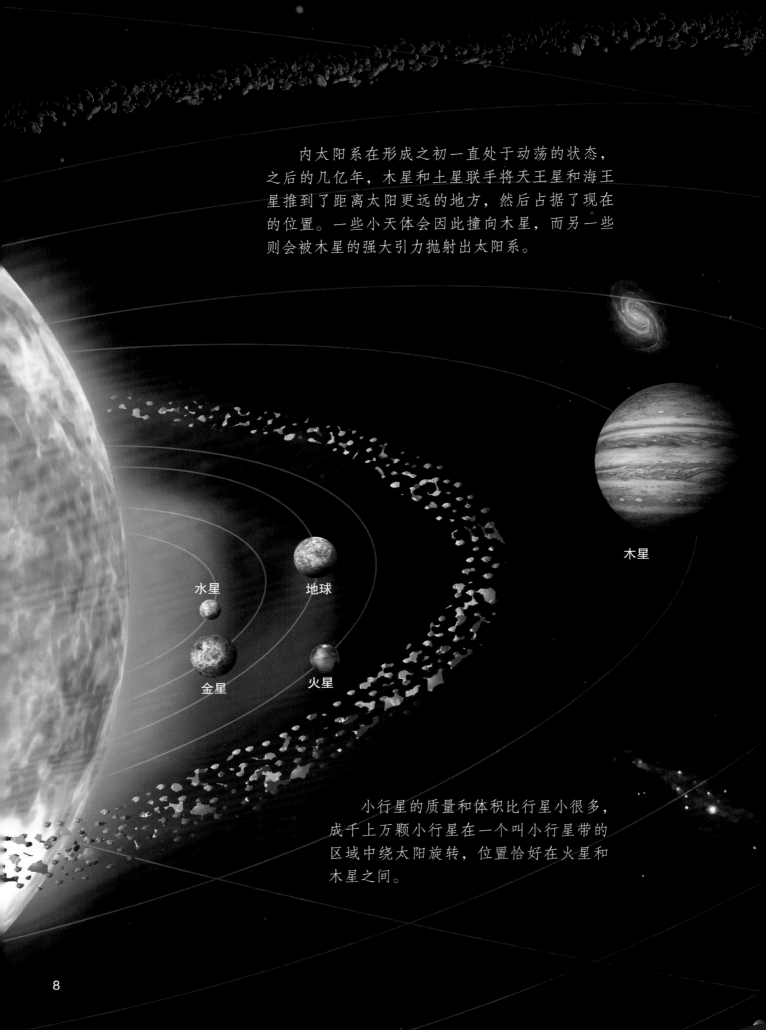

内太阳系在形成之初一直处于动荡的状态，之后的几亿年，木星和土星联手将天王星和海王星推到了距离太阳更远的地方，然后占据了现在的位置。一些小天体会因此撞向木星，而另一些则会被木星的强大引力抛射出太阳系。

水星

地球

金星

火星

木星

小行星的质量和体积比行星小很多，成千上万颗小行星在一个叫小行星带的区域中绕太阳旋转，位置恰好在火星和木星之间。

在离海王星很远的地带，还有一个天体带，叫柯伊伯带。主要包括矮行星、彗星和其他小天体，被降级成矮行星的冥王星就处于柯伊伯带。

海王星

天王星

冥王星

土星

尘埃彗尾

彗发

彗核

离子彗尾

彗星是由气态的水、氰、氮、二氧化碳、固态石块、铁、尘埃、氨、甲烷以及各种碎块组成，当它运行到离太阳很近的时候，固体会反射太阳光，而气体则会因被电离而发光。这时候从地球上看彗星就像拖着一条长长的发光的尾巴。

地球的"小确幸"——太阳

太阳是离地球最近的恒星，半径大约是 6.963×10^5 千米，相当于地球半径的 109 倍，体积大约是地球的 130 万倍，质量大约是地球的 33 万倍。

太阳质量的大约四分之三是氢，剩下的是氦、氧、碳、氖、铁和其他元素。太阳内部温度极高，核心区域甚至超过了 1500 万℃，任何出现在太阳周围的物体都会被高温熔化。太阳自诞生到现在已经有近 50 亿年了，恰似处在"人生的中年阶段"，随着核原料的耗尽，太阳最终也会走向灭亡。

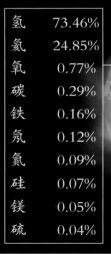

氢	73.46%
氦	24.85%
氧	0.77%
碳	0.29%
铁	0.16%
氖	0.12%
氮	0.09%
硅	0.07%
镁	0.05%
硫	0.04%

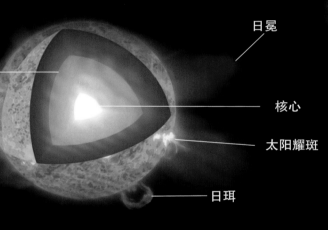

日冕

核心

太阳耀斑

日珥

太阳的一生

元恒星

中等质量的恒星

红巨星

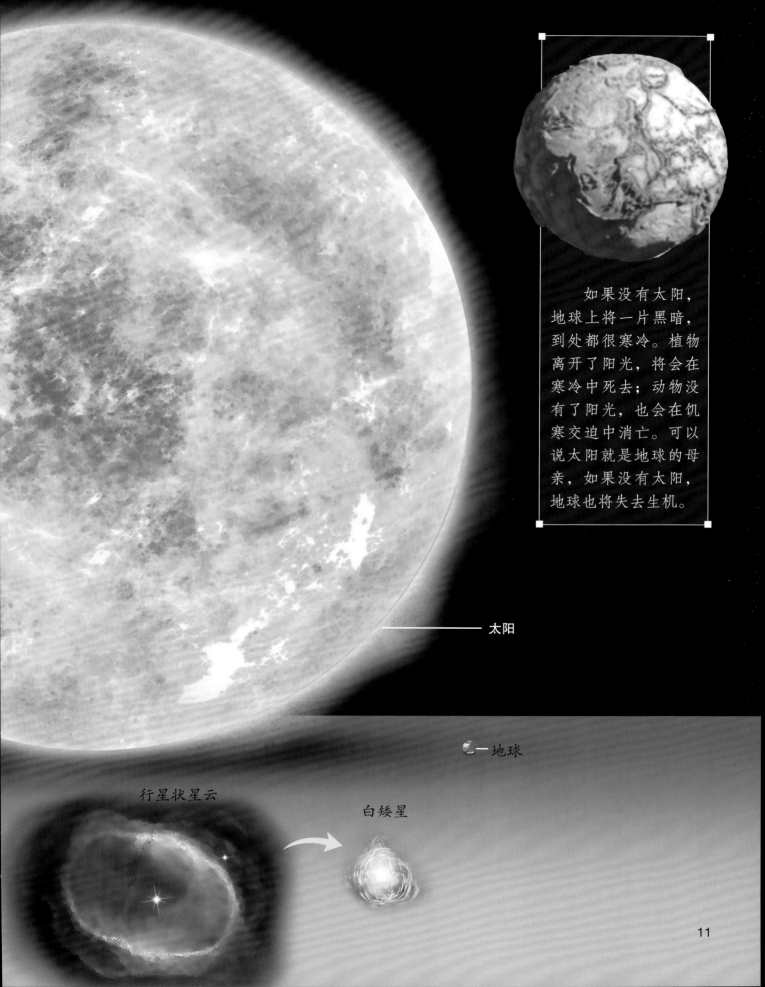

如果没有太阳，地球上将一片黑暗，到处都很寒冷。植物离开了阳光，将会在寒冷中死去；动物没有了阳光，也会在饥寒交迫中消亡。可以说太阳就是地球的母亲，如果没有太阳，地球也将失去生机。

———— 太阳

—— 地球

行星状星云

白矮星

地球形成之谜

地球是一颗行星，围绕着太阳做周期运动。在太阳系八大行星中，它与太阳的距离从近到远处于第三位。

在大约 46 亿年前，太阳系中的岩石块、尘埃和气体围绕太阳高速旋转，它们因为引力撞击在了一起，凝聚成一个高温球体。高温球体不断吸引着周围的尘埃和水蒸气，壮大着自己，最后形成了初始的地球。

质量大的物质慢慢沉积到地球中央，变成了地核和地幔，质量小的物质变成地壳。不过，这时候的地球处于熔融状态，就像一个蛋壳没有钙化的"鸡蛋"。

不断吸收周围的尘埃和水蒸气，体积和质量变得越来越大，最后形成了最初的地球。

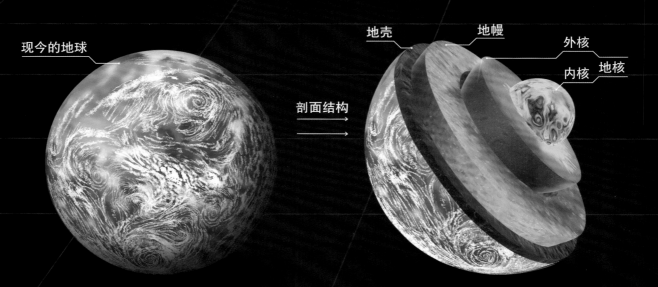

现今的地球

剖面结构

地壳　　地幔　　外核

内核　地核

最初的地球

地球刚开始形成的时候，地壳活动非常频繁。地球上不但到处都流淌着火山喷发的炽热岩浆，并且不断伴随着闪电，而且还经常受到外太空星体的撞击。而从火山中喷出的水蒸气、氢气、氨、甲烷、二氧化碳、硫化氢等，构成了原始的大气层。

后来，随着火山喷发和撞击的减少，地球温度不断降低，地壳开始凝固，变成了坚硬的地面，犹如如今月球的表面。

随着温度的继续降低，大气中的水蒸气慢慢冷却，最后以降雨的形式落到地面上，形成了原始的海洋。

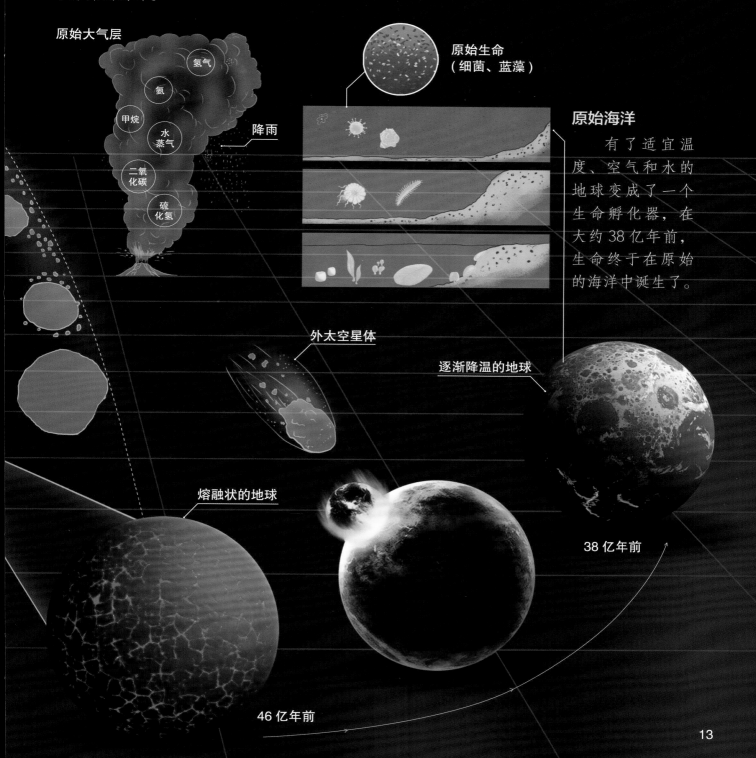

原始大气层

氢气
氨
甲烷
水蒸气
二氧化碳
硫化氢

降雨

原始生命
（细菌、蓝藻）

原始海洋

有了适宜温度、空气和水的地球变成了一个生命孵化器，在大约38亿年前，生命终于在原始的海洋中诞生了。

外太空星体

逐渐降温的地球

熔融状的地球

38 亿年前

46 亿年前

13

地球的"忠犬"——月球

月球是人类肉眼可见的大型天体，它是地球唯一的天然卫星。月球的直径大约是地球的四分之一，质量大约是地球的八十一分之一。

月球是地球已知质量最大的卫星。它是如何被地球吸引的呢？这是一个令科学家备感兴趣的话题。

忒伊亚与
地球相撞

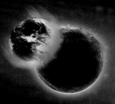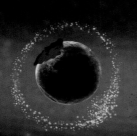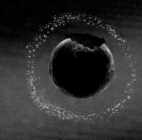

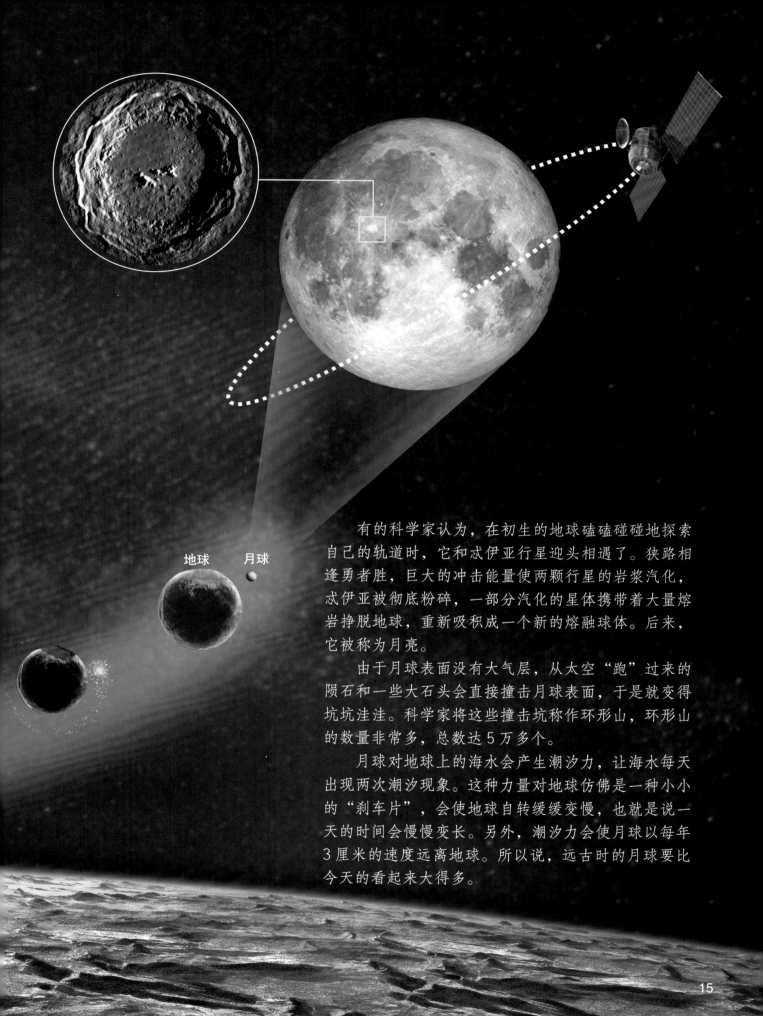

地球　月球

有的科学家认为，在初生的地球磕磕碰碰地探索自己的轨道时，它和忒伊亚行星迎头相遇了。狭路相逢勇者胜，巨大的冲击能量使两颗行星的岩浆汽化，忒伊亚被彻底粉碎，一部分汽化的星体携带着大量熔岩挣脱地球，重新吸积成一个新的熔融球体。后来，它被称为月亮。

由于月球表面没有大气层，从太空"跑"过来的陨石和一些大石头会直接撞击月球表面，于是就变得坑坑洼洼。科学家将这些撞击坑称作环形山，环形山的数量非常多，总数达 5 万多个。

月球对地球上的海水会产生潮汐力，让海水每天出现两次潮汐现象。这种力量对地球仿佛是一种小小的"刹车片"，会使地球自转缓缓变慢，也就是说一天的时间会慢慢变长。另外，潮汐力会使月球以每年 3 厘米的速度远离地球。所以说，远古时的月球要比今天的看起来大得多。

假如没有月球这个小伙伴，地球会怎样？

在太阳系的历史中，地球围绕着太阳旋转，从不停歇。地球围着太阳转的同时，月球也围绕着地球转。月球与地球上的生物有着密不可分的"联系"，如人类的某些精神疾病、某些动物的行为（满月时嚎叫）、农耕，等等。尽管这些"联系"在科学上并没有十分确切的依据，但月球的存在确实对地球造成了不可忽视的影响。如果没有月球，地球会有什么改变呢？

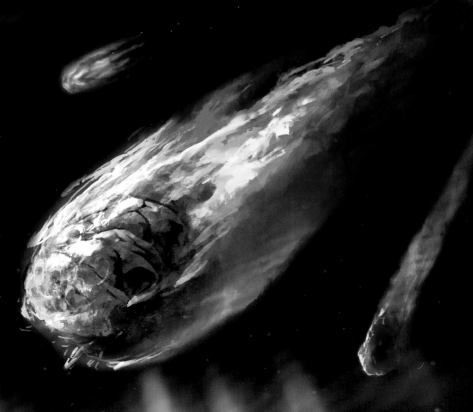

假想一：月球消亡后，碎片可能与地球发生碰撞。

如果月球爆炸，那么碎片将飞向四面八方，很容易脱离轨道，冲向地球并与地球发生剧烈的碰撞。这种撞击与我们担心的彗星撞地球不同，并没有那么可怕。如果碎片不大，地球只会受到一些小伤害，人类仍可存活。

假想二：星空将变得更亮。
月亮的光芒掩盖住星星的光芒，如果没有了月亮，那么夜空中的星星将会显得十分清澈明亮。

假想三：日食不再出现。
日食的形成需要三个天体在一条线上，这三个天体分别是太阳、月球、地球。如果月球消失了，无法达到日食形成的条件，那么日食也将不再出现。

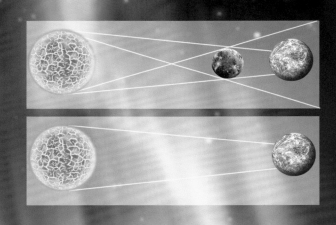

神奇的万有引力

很多小朋友都喜欢跳高，但无论你跳得多么高，最终还会回到地面，而不是飞向天空。这是为什么呢？其实，是地球引力这个看不见的东西把你给"拉"回了地面。

万有引力是著名科学家牛顿发现的。据说，有一天牛顿正在苹果树下休息，这时候突然有一个苹果砸到了他，于是牛顿就开始想，是什么原因让苹果朝地面下落呢？之后，他更是大胆假想：宇宙间大到星体，小如尘粒，都是相互吸引的。这种无处不有的引力，被称作"万有引力"。

万有引力的大小取决于物体的质量和它们之间的距离。质量越大，引力就越大；距离越远，引力就越小。地球的引力非常大，这个引力会将人们牢牢地吸附在地球表面而不至于掉到太空中去。

地球的守护星

木星是太阳系最大的行星，这位"行星大哥"一直默默守护着地球上的生灵。木星拥有强大的引力，来自宇宙的许多陨石和小行星被它吸附到了自己身边，避免了地球受到损伤。如果没有木星这个"太阳系吸尘器"，包括地球在内的许多行星被撞击的次数就会增多，地球上的生命也将迎来灭绝危机。因此，木星可以算得上地球的守护星了。

永不停歇的公转和自转

人们是按照地球的时间生活的。白天太阳升起，就去工作和学习，晚上太阳落山后要上床睡觉。为什么地球会有黑夜和白天之分呢？这一切都是地球的自转引起的。

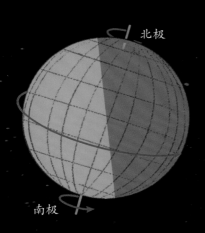

北极

南极

仔细观察地球仪会发现，以南极点和北极点为两点，从中间连线会穿过一条轴，这条轴就是地球的自转轴。地球会围绕这个轴由西向东自转。当转到面向太阳的时候，地球上就是白天；当转到背向太阳的时候，地球上就是黑夜。地球自转一周的时间接近24小时，这就是我们现在一天的由来。

地球不但自转，同时也围绕太阳公转。由于地球自转轴和公转轨道平面斜交成约66°34′的倾角，地球在绕太阳公转的一年中，太阳的直射点总是在南北回归线之间移动，于是产生了昼夜长短的变化和四季的交替。

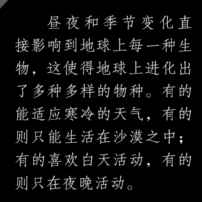

昼夜和季节变化直接影响到地球上每一种生物，这使得地球上进化出了多种多样的物种。有的能适应寒冷的天气，有的则只能生活在沙漠之中；有的喜欢白天活动，有的则只在夜晚活动。

昼夜长短不均的情况越往极地走越明显，在北极圈和南极圈的附近还会有极昼和极夜的产生。比如说在北半球的夏季，北极圈附近会被太阳一直照射，因此24小时太阳都不会落山。与此同时，南极圈以内正处于极夜之中。

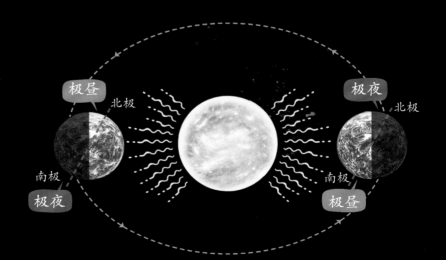

"薄膜"一样的地球大气

　　有些东西我们看不到也摸不着，但并不代表它不存在，如地球表面的大气层（圈）。一般来说，大气比较稀薄，犹如一层薄薄的膜"罩"在地球表面。其中二氧化碳、氧气、氮气、臭氧等是大气的主要成分。除此之外，一些水汽和部分固体颗粒也是大气的重要组成部分。

　　氧气可供动物呼吸，而大部分植物则需要二氧化碳进行光合作用来获取能量和制造氧气，臭氧则能抵挡外太空的致命紫外线，所以大气层对地球上的生命来说必不可少。

　　有些人认为大气很轻，为什么它不会从地球上空偷偷溜走呢？原来地球的引力就像一双无形的手，可以牢牢地把大气控制在自己的手心，让它无处可逃。

　　根据大气的热状态，大气层自地球海平面向上分为对流层、平流层、中间层、热层和外逸层。

极光

人造卫星

航天飞机

外逸层

500千米以上高度的大气层称为外逸层，外逸层是大气层的外边界，密度几乎与外太空一样，大多数航天器的运行轨道都在这一层。

热层

从中间层到500千米左右高度的部分，称为热层，温度会随着太阳活动的强弱而改变。

中间层

高度在50～80千米的大气，称为中间层，温度会随高度的增加而下降。中间层以外的大气因受太阳辐射，温度较高，可以形成电离层。电离层能导电、反射无线电波，实现远距离通信。

流星

飞机

平流层

对流层之上10～50千米为平流层，这里基本上没有水汽，晴朗无云，水平运动的气流适于飞机航行。在20～30千米处，氧分子在太阳紫外线作用下形成臭氧层，臭氧层是防护紫外辐射的屏障。

臭氧层

雨

对流层是最靠近地面的一层，大气中的水汽几乎都集中在这里，风云雨雪都是在对流层形成的。

对流层

23

海洋的初现

广阔的海洋被称为"生命的摇篮",这并不是一句夸张的比喻,而是实实在在的真相。那么,海洋是从哪里来的呢?对于这个问题的答案,科学家们有很多猜想。

大约在 46 亿年前,原始地球刚刚形成。那时的地球是个"火球",上面既没有液态水,也没有生命。由于地球内部的冲击和挤压,地震和火山频频爆发,地表不断向外喷涌岩浆。在这个过程中释放的水蒸气、二氧化碳等气体逐渐构成了稀薄的原始大气层。地球上的水分不断升腾,在原始大气层中凝结,当水分超过大气层的承载力时,就形成了降雨。

有的科学家认为，地球上的水是太阳风的杰作。太阳风到达地球大气圈的上层，带来大量的氢核、碳核、氧核等原子核，这些原子核与地球大气圈中的电子结合成氢原子、碳原子、氧原子等，通过不同的化学反应变成水分子，再以雨、雪的形式降落到地面。不过，以这样形式形成的水量很少，与地球上的水储量相比不过是九牛一毛。

海水从哪里来？一些科学家认为是撞击地球的彗星带来的。地球刚形成时是一个"火球"，而彗星的主要组成部分是凝结成冰的水。彗星撞向地球发生汽化，水汽被留在地球的大气层中，最终形成雨落到地球上。

持续不断的雨水汇聚在一起，携带着被侵蚀溶解的矿物质流入洼地，覆盖了地球表面绝大多数地方，这就是原始海洋。

什么是生命？

什么是生命呢？哪些东西才是有生命的呢？该如何给生命下定义呢？这些问题不但让普通人感到迷惑，对许多科学家来说也是一个棘手的问题。因为生命实在是太过宏观，它涉及哲学、生物学、医学甚至文学等众多领域。

从生物学角度来说，生命是这个地球上最伟大、最神奇、最美丽，也是最珍贵的自然现象。简单来说，一棵小树、一匹骏马、一个人都具有生命，而清晨的露珠、深埋在地下的岩石则不具有生命。从生物学上说，生命至少需要具备两种要素：新陈代谢和繁殖。

新陈代谢是生命与外界进行能量交换及进行能量自我更新的一系列过程。这个过程只能在有机体之间进行，如植物的光合作用、动物摄取食物的过程等。

翠鸟通过捕捉并摄取食物完成身体内的新陈代谢

除了能够进行新陈代谢，生命都应该具有繁殖行为，并且它们的这种行为常常伴随着遗传和变异。简单来说就是生命能够产生下一代，并且它们本身的特征在下一代身上也能体现。

作为有机体的一种，任何生命都会经历从出生到死亡的过程，这也是生命最显著的一个特点。

生命体死亡后埋入地下，经过漫长的年代，坚硬的骨骼变成了化石

生命的分类

地球上的生物经过漫长的发展历程，从简单的一团分子、一个细胞逐渐进化到多细胞生物，再到现在数以千万计的生物种类。为了便于认识和了解这些生物，最好的办法就是给这些生物分类。

近代分类学诞生于18世纪，瑞典植物学者卡尔·冯·林奈把生物分为植物、动物两大界，在动物界、植物界下，又均设有门、纲、目、科、属、种等不同级别，从而确立了分类的阶元系统。

但是，林奈的两界系统并不能将所有生物进行合理分类，比如裸藻这样的生物拥有动、植物两界的特征，它应当归属哪一界呢？后来，德国博物学家海克尔提出了三界系统，在植物界和动物界之外，加入了原生生物界。然而，三界系统也并不完善。随着科学技术的发展、人们对生物认识的加深，1938年考柏兰提出了四界系统，即：原核生物界、原始有核界（包括单细胞真核藻类、简单的多细胞藻类、真菌等）、后生植物界和后生动物界。

不过，以上的分类方法仍然有很多局限。因为一些微生物既不属于动物也不属于植物。随着自然科学进一步发展，到了 1969 年，五界系统被提出来。五界分别是植物界、动物界、真菌界、原核生物界、原生生物界。

植物界

真菌界

动物界

原生生物界

微生物

原核生物界

除了原核生物界外，其他界都由真核生物组成，包括原生生物界、动物界、植物界和真菌界。

不过，因为病毒不具备细胞结构，其他五界均具有细胞结构，所以有时候生物分类还有更高一级的域，有时也称为总界。其中，蓝藻界、细菌界从属于原核生物总界，原生生物界、植物界、动物界、真菌界从属于真核生物总界，而病毒界则归为非细胞生物总界。

五界系统认为，原核生物界由原核生物组成，代表了最古老的生命形式，其他界都是由原核生物界演化出来的。

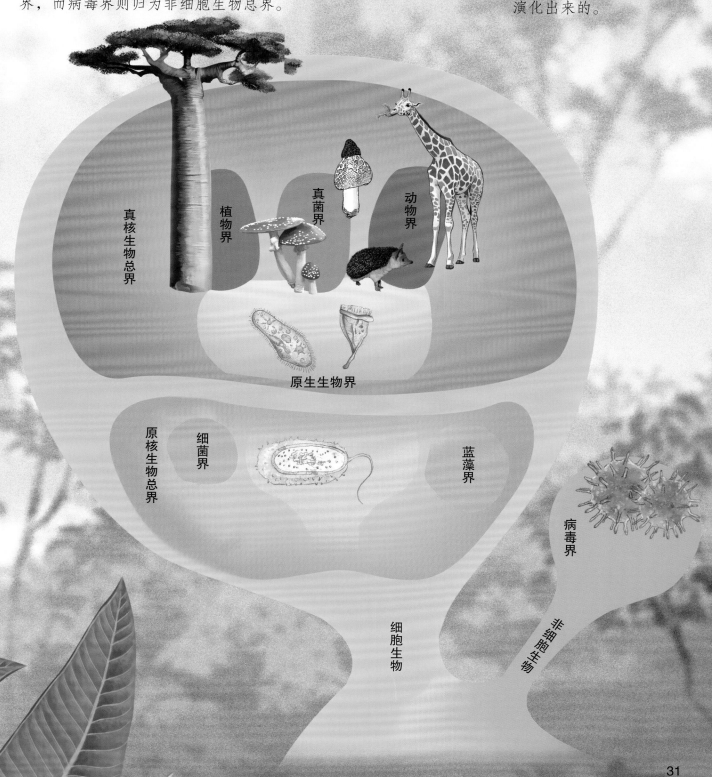

真核生物总界

植物界

真菌界

动物界

原生生物界

原核生物总界

细菌界

蓝藻界

病毒界

细胞生物

非细胞生物

现在主流分类方法是生物学家依据生物之间的类似程度，把它们分成不同的等级，生物分类的等级从高到低依次是：界、门、纲、目、科、属、种。依据五界分类系统，界包括了原核生物界、原生生物界、真菌生物界、植物界以及动物界。在界的基础上可以再把生物进行细分。"界"下分很多"门"，"门"下有很多"纲"，"纲"下有很多"目"，"目"下有很多"科"，"科"下有很多"属"，每个"属"下又有很多的"种"。

黑猩猩的分类

界：动物界
门：脊索动物门
纲：哺乳纲
目：灵长目
科：人科
属：黑猩猩属
种：黑猩猩

大蓟的分类

界：植物界
门：被子植物门
纲：双子叶植物纲
目：菊目
科：菊科
属：蓟属
种：大蓟

生物分类的基本单位——物种

在生命的分类中，物种或种是生物学家用来将地球上数以千万计不同的生命形式分类的基本单位。一般来说，在同一个物种中，不同的个体之间能交配，产生后代，而后代也能繁殖，产生新的后代。

每一个物种都具有独特的遗传信息，包括物种的外形、能力等。这些遗传信息能通过生殖细胞传递给后代。

东北虎属于猫科动物里的虎种，它们的后代不仅遗传了父母的外形，而且还通过遗传获得了一些能力。

有时候，近似的物种也可以交配成孕，例如马和驴交配后会生出骡子，不过它们的后代不能生育，所以骡子不是一个新的物种。同样，狮子和老虎产生的后代狮虎兽或虎狮兽也不能生育，不是一个新的物种。

同种动物的不同族群可能由于地壳活动等原因，在地理上彼此分散居住，经过长时间的隔离之后，各族群可能会发展出与其他族群不同的特性，但各族群仍能交配，产生能够生育的后代，这种族群叫亚种。

马　　驴　　骡

虎　　狮子　　狮虎兽

孟加拉虎　　东北虎

虎起源的核心地区是东亚，之后它们沿多个方向扩散，最后形成了今天的多个亚种。不过可以肯定的是，它们之间交配都能产生后代，而且后代也能生育后代。

里海虎（已灭绝）

印支虎

华南虎

苏门答腊虎

爪哇虎（已灭绝）

巴厘虎（已灭绝）

马来虎

生命起源的假说

　　生命的起源是一个神奇而奥秘无穷的问题，生命从何而来？是如何发生的？这些一直是人们争论不休、众说纷纭的问题。根据神话传说，古代欧洲人认为是上帝创造了人类，而古代中国人则认为是女娲创造了人类。人们各执一词，于是便出现了各种各样的假说。

创世说

　　一些人认为，地球上的一切生命都是神明创造的，比如西方的上帝和东方的女娲，或者是由于受到某种超自然的力量干预而产生的。

自然发生说

　　古希腊学者亚里士多德认为，生命可以在一定条件下从非生命物质或另一种生命形式结束后产生或转化出来，如"腐草生蝇""腐肉生蛆""破布生鼠"等。

　　但是，法国微生物学家巴斯德的实验证实了这种假说是错误的。巴斯德用鹅颈烧瓶实验证明细菌（生命）不是自然产生的，而是由原来已经存在的细菌（生命）产生的。

向瓶中倒入未灭菌的液体

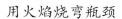
用火焰烧弯瓶颈

将液体加热灭菌
开口排出气体

灰尘和微生物滞留在弯管处　　液体在数年中保持无菌状态

开口

长时间

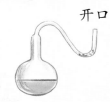

液体渐渐变色　　　　液体中长满微生物

短时间

将瓶倾倒，带有微生物的灰尘与液体接触

巴斯德的鹅颈烧瓶实验的过程

生物发生说（生源论）

　　法国著名微生物学家巴斯德认为生命的种类和形成只能来自生命，但是这种理论不能解释地球上最初的生命起源。

宇宙发生说（宇生论）

　　有人认为地球上最初的生命来自宇宙间其他星球，如某些生物的孢子可以附着在星际尘埃颗粒上而抵达地球，使地球有了初始的生命形式。但至今尚缺少有力的证据。

化学进化学说

　　20 世纪 20 年代，生物化学家亚历山大·欧帕林与 J. B. S. 霍尔丹提出了另外一种假说，他们认为，地球上的原始生命是在原始地球条件下，由非生命物质经过长期化学进化过程产生的，这种假说被称为化学进化学说。

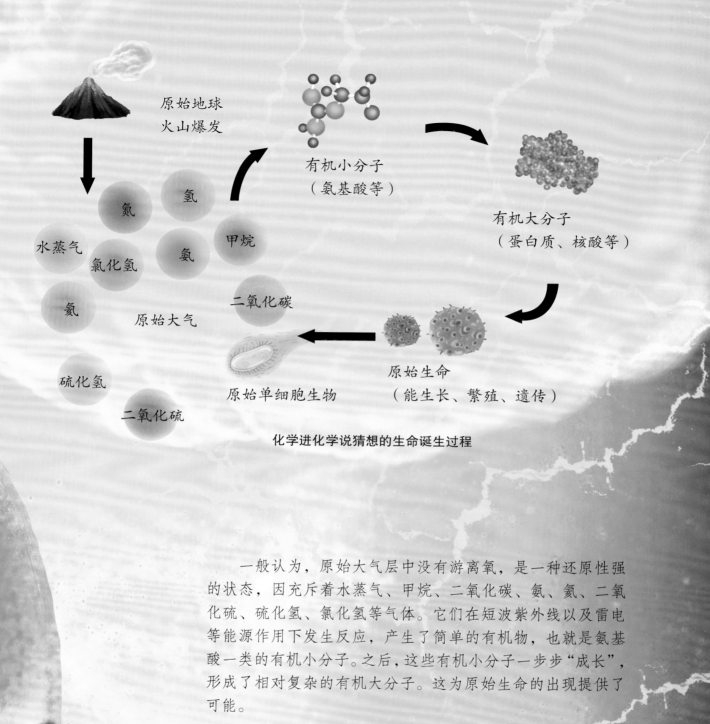

原始地球
火山爆发

有机小分子
（氨基酸等）

有机大分子
（蛋白质、核酸等）

氮

氢

水蒸气
氯化氢
氨
甲烷

氦

二氧化碳

原始大气

原始生命
（能生长、繁殖、遗传）

硫化氢

原始单细胞生物

二氧化硫

化学进化学说猜想的生命诞生过程

　　一般认为，原始大气层中没有游离氧，是一种还原性强的状态，因充斥着水蒸气、甲烷、二氧化碳、氨、氢、二氧化硫、硫化氢、氯化氢等气体。它们在短波紫外线以及雷电等能源作用下发生反应，产生了简单的有机物，也就是氨基酸一类的有机小分子。之后，这些有机小分子一步步"成长"，形成了相对复杂的有机大分子。这为原始生命的出现提供了可能。

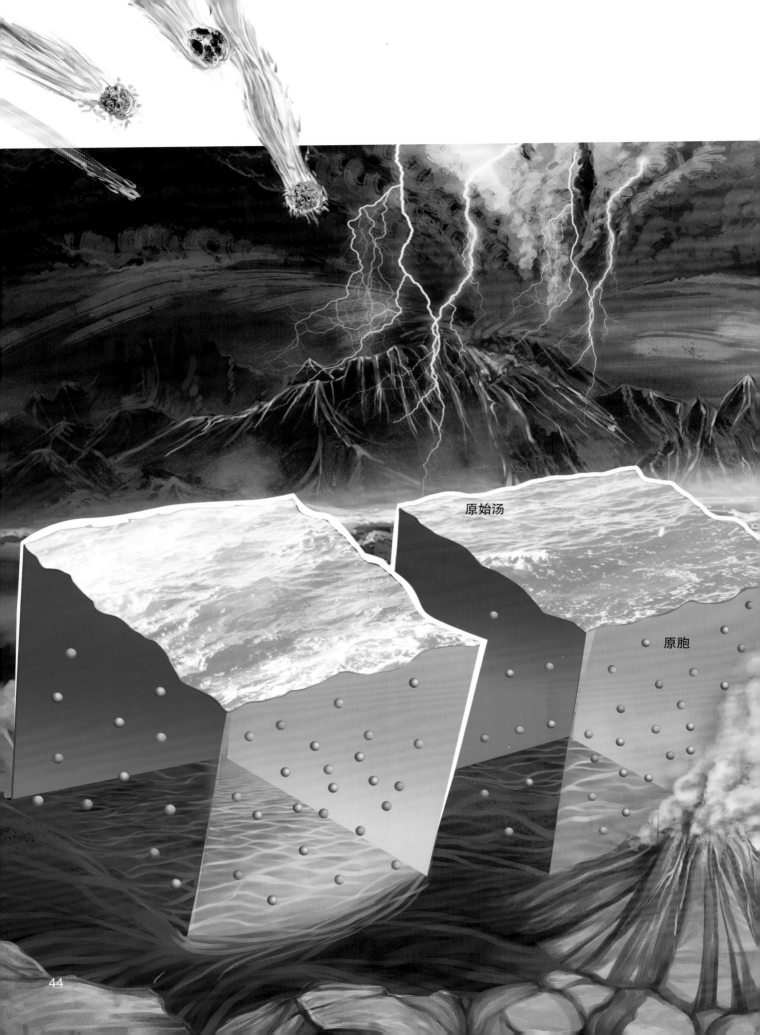

原始汤

原胞

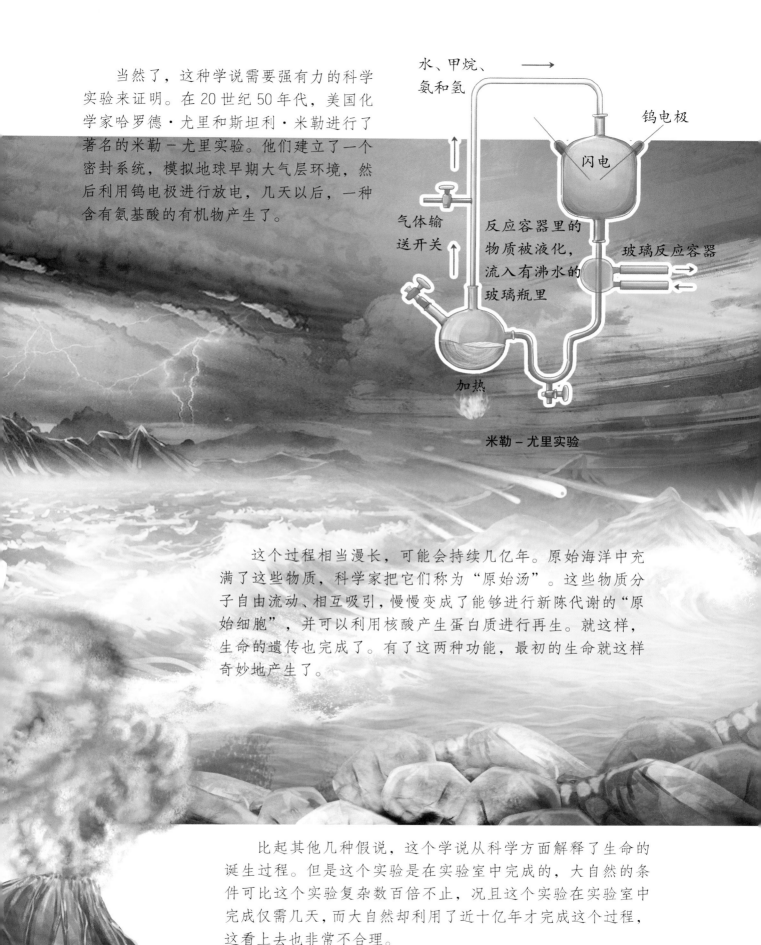

当然了，这种学说需要强有力的科学实验来证明。在 20 世纪 50 年代，美国化学家哈罗德·尤里和斯坦利·米勒进行了著名的米勒－尤里实验。他们建立了一个密封系统，模拟地球早期大气层环境，然后利用钨电极进行放电，几天以后，一种含有氨基酸的有机物产生了。

水、甲烷、氨和氢

钨电极

闪电

气体输送开关

反应容器里的物质被液化，流入有沸水的玻璃瓶里

玻璃反应容器

加热

米勒－尤里实验

这个过程相当漫长，可能会持续几亿年。原始海洋中充满了这些物质，科学家把它们称为"原始汤"。这些物质分子自由流动、相互吸引，慢慢变成了能够进行新陈代谢的"原始细胞"，并可以利用核酸产生蛋白质进行再生。就这样，生命的遗传也完成了。有了这两种功能，最初的生命就这样奇妙地产生了。

比起其他几种假说，这个学说从科学方面解释了生命的诞生过程。但是这个实验是在实验室中完成的，大自然的条件可比这个实验复杂数百倍不止，况且这个实验在实验室中完成仅需几天，而大自然却利用了近十亿年才完成这个过程，这看上去也非常不合理。

达尔文与进化论

1859 年，英国的自然科学家查理·罗伯特·达尔文发表《物种起源》，提出了一种新的生命演化学说，这就是著名的进化论。达尔文认为，地球上的一切生物正是通过遗传、变异和自然选择，完成了从低级到高级，从简单到复杂的进化。

达尔文的进化论有三大要点，即变异、遗传和选择。第一，同种生物个体间并非完全一样的，可能有大小或颜色等自然变异；第二，后代会从父母那里继承一些变异，不过有些不稳定的变异则不会遗传给下一代；第三，自然环境对生物体的生存有压力，同种生物个体中，凡是具有较强竞争能力的变异，都很可能成为大自然的"幸运儿"存活下来。

黑框蓝闪蝶

因变异产生不同种类的蝴蝶

帝王斑蝶

亚历山大鸟翼凤蝶

拿长颈鹿举例。在很久以前，长颈鹿的种类有很多，它们都来自同一祖先。后来因为基因突变，它们的脖子开始变得有长有短。随着环境的变化，那些脖子短的由于吃不到高处的树叶，就慢慢灭绝了。而那些脖子长的由于能适应环境，因此就存活了下来。由于这种变异是能够遗传的，它们的后代也就遗传了这些特性，从而能够继续生存。

生命的信息——基因与 DNA

俗话说得好："龙生龙，凤生凤，老鼠的儿子会打洞。"这句话说明父母和子女之间会有一些相似的性状，这些相似的性状就是通过遗传得到的。那么，父母的信息为什么能遗传给下一代呢？这就是基因的功劳了。

基因是生命体最根本的信息载体，它决定了一个生命体甚至一个物种的发展方向。就拿人来说，基因可以决定人长出大脑和四肢，可以决定人的高矮胖瘦，甚至能将我们学到的技能遗传给下一代。

基因不是单独存在的，生物所有的基因都存在于 DNA 上。那些带有遗传信息的 DNA 片段，我们称之为遗传基因。要知道，每个 DNA 分子中都存在很多基因。

当然了，DNA不是直接存在于细胞中，它们和一些蛋白质会组成染色体。染色体往往会成对出现，但是特殊的两性生殖细胞，只有其他细胞一半的染色体。两性细胞只有经过结合后才能恢复染色体的数量，并且可以将父亲的信息和母亲的信息遗传给下一代。

不过，细胞在进行复制时会受外界环境的影响，而出现复制错误的情况，产生基因突变。基因突变后，新的个体会产生一种新的性状，它可能是好的，也可能是坏的，因此，同一对父母生出来的孩子也可能有的与他们很像，有的与他们不像，不像的结果正是基因突变导致的。

人类有23对染色体，其中第23对染色体称为性染色体，是决定性别的一对染色体。男性用XY表示，女性用XX表示，二者的不同结合将产生不同性别的后代。

DNA是脱氧核糖核酸的英文缩写，是生物细胞内含有的四种生物大分子之一——核酸的一种。DNA携带有合成RNA和蛋白质所必需的遗传信息，是生物体发育和正常运转必不可少的生物大分子。

生命最基本的单位——细胞

　　每个人或大部分生物刚开始时只是一个受精卵，它就是一个细胞。受精卵会接收来自基因的命令，开始自我分裂，1个变2个，2个变4个……再后来这些细胞又接收到基因的命令，然后长成不同的器官和组织，最终就可以变成一个新的生命体了。

　　细胞是生命体的结构和功能的最小单位，一般由细胞核、细胞质以及细胞膜组成。细胞质内还有许多细胞器，植物细胞的细胞膜之外还有一层较厚的细胞壁。细胞通常很微小，必须用显微镜才能见到，但大型的卵细胞肉眼可见，比如我们吃的鸡蛋。

　　根据细胞有无细胞核，可以将细胞分为真核细胞和原核细胞。原核细胞不但缺少细胞核，也没有染色体，只有环状 DNA 分子。地球最初诞生的生命就是由原核细胞组成的原核生物，并且它们都是单细胞生物，包括蓝藻（蓝细菌）、细菌、支原体等。

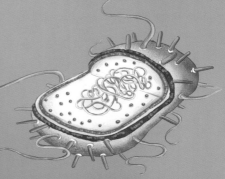

原核细胞

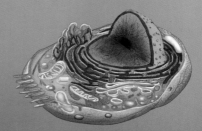

真核细胞

　　相较于原核细胞来说，真核细胞不但具有被核膜包围的细胞核，而且还含有染色体。由真核细胞构成的真核生物包括了所有的动物、植物和真菌。

生命演化的时间坐标——地质年代

达尔文的生物进化论告诉我们，地球上的生命都会经历从无到有、从简单到复杂、从低级到高级的过程。为了更详细地说明这个过程，科学家们将地球的历史划分为若干个年代，称为地质年代。

地质年代中最大的时间单位是宙，宙下是代，代下分纪，纪下分世，世下分期，期下分时。

宙可分为隐生宙、显生宙。隐生宙现在已被细分为冥古宙、太古宙、元古宙。显生宙又分为古生代、中生代、新生代。古生代分为寒武纪、奥陶纪、志留纪、泥盆纪、石炭纪、二叠纪；中生代分为三叠纪、侏罗纪、白垩纪；新生代分为古近纪、新近纪、第四纪。

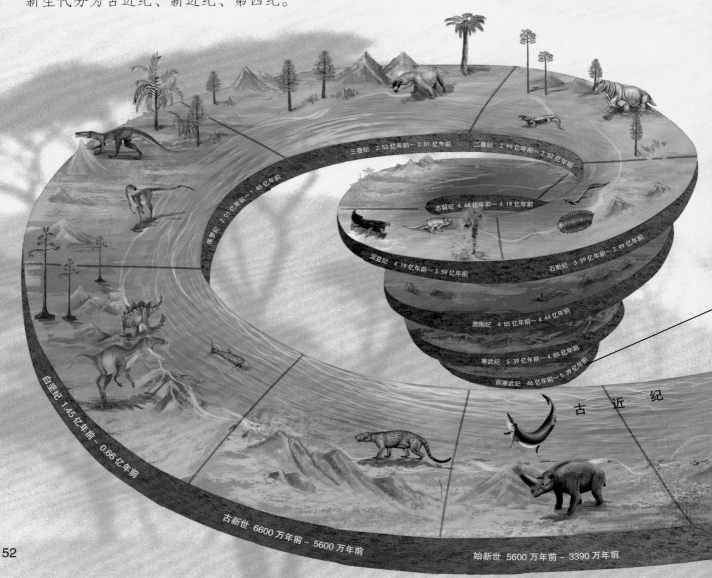

三叠纪 2.52亿年前～2.01亿年前　二叠纪 2.99亿年前～2.52亿年前

志留纪 4.44亿年前～4.19亿年前

侏罗纪 2.01亿年前～1.45亿年前

泥盆纪 4.19亿年前～3.59亿年前　石炭纪 3.59亿年前～2.99亿年前

奥陶纪 4.85亿年前～4.44亿年前

寒武纪 5.39亿年前～4.85亿年前

前寒武纪 46亿年前～5.39亿年前

白垩纪 1.45亿年前～0.66亿年前

古 近 纪

古新世 6600万年前～5600万年前

始新世 5600万年前～3390万年前

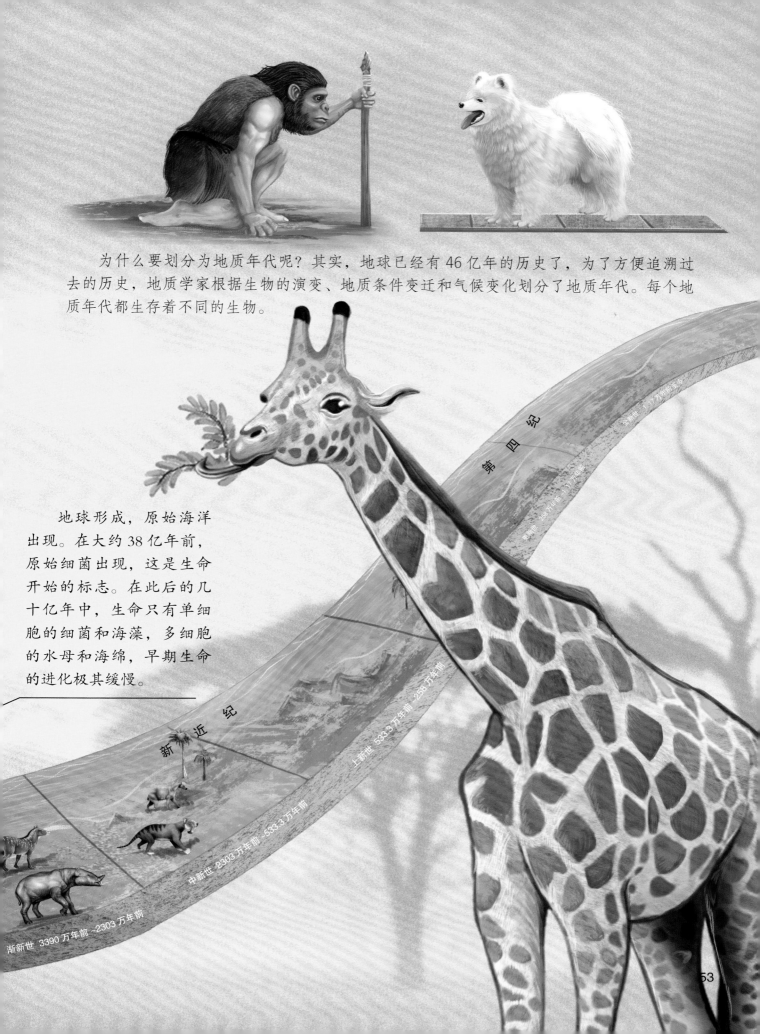

为什么要划分为地质年代呢？其实，地球已经有 46 亿年的历史了，为了方便追溯过去的历史，地质学家根据生物的演变、地质条件变迁和气候变化划分了地质年代。每个地质年代都生存着不同的生物。

地球形成，原始海洋出现。在大约 38 亿年前，原始细菌出现，这是生命开始的标志。在此后的几十亿年中，生命只有单细胞的细菌和海藻，多细胞的水母和海绵，早期生命的进化极其缓慢。

第 四 纪

新 近 纪

全新世 1.17 万年前至今

更新世 258 万年前 -1.17 万年前

上新世 533.3 万年前 -258 万年前

中新世 2303 万年前 -533.3 万年前

渐新世 3390 万年前 -2303 万年前

漫长孤独的生命演化

　　从原始细胞生命的诞生到绝大多数现生动物门的形成，生命的发展经历了无比漫长的时间。在这段时间里，生命完成了从简单到复杂、从低级到高级的发展历程。

　　自从最原始的生命在地球上诞生的那一刻起，生命演化就已经开始了。其实，那些原始的生命只能算是一个分子，它们并没有细胞结构。为了保证这些非细胞形态的生命能够与外界进行正常的物质交换，它们在演化过程中形成细胞膜，经过漫长的岁月，终于进化成具有细胞结构的原核生物。

细胞是生命的结构单元、功能单元和生殖单元，它的产生是生命史上一次重大的飞跃。发现于澳大利亚的蓝藻（蓝细菌）叠层石化石的存在表明，细胞生命早在35亿年前就已经开始了。

在以后漫长的岁月中，这种单细胞的细菌遍布海洋。这时的地球空旷、荒芜，而且空气是有毒的，根本无法呼吸。但是蓝藻的光合作用改变了地球的一切。它改变了地球的大气，让氧气成为"主角"。依赖氧气生存的需氧型真核生物开始出现，真核生物被认为是由原核生物进化而来的。据考证，在大约15亿年前，地球上出现了真核细胞。真核细胞的出现是生物进化史上的一个里程碑，极大地推动了生物界由低级向高级的进化和发展。

地球生命也许来自一次偶然——大氧化事件

如果真的能够穿越回到 26 亿年前甚至更遥远的过去，你可能发现当时的地球环境并不那么美好，那时的地球大气层中没有氧气。除非你准备了呼吸设备和氧气，否则就会在几分钟内因窒息死亡。

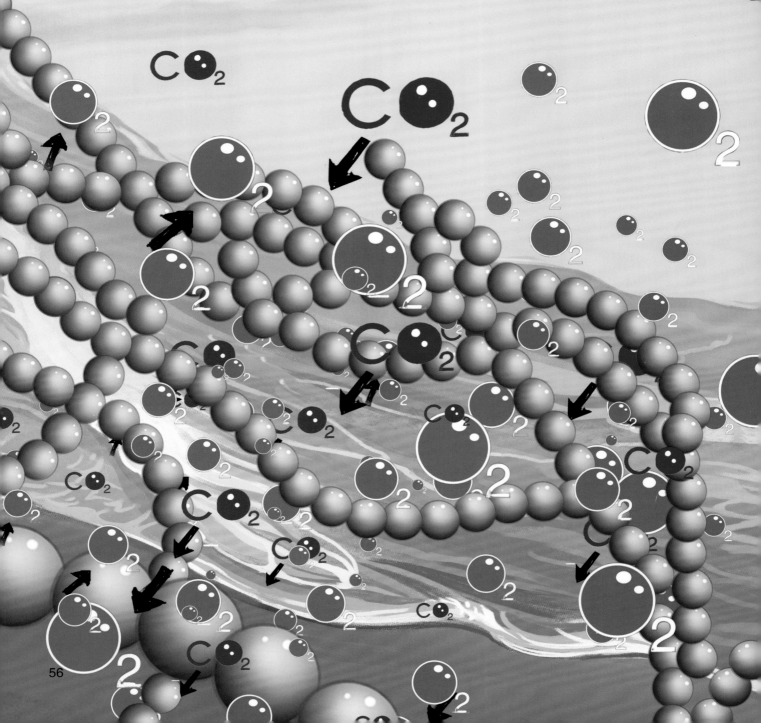

氧气的出现彻底改变了地球生命的演化进程，成为地球历史上发生的最重大事件之一，人们把地球上氧气含量突然增加的这个事件称为"大氧化事件"。

"大氧化事件"发生时，地球已经形成了大约20亿年，不过生命进化得相当缓慢，生命可能只有单细胞有机体。而科学家认为，地球上第一种能产生氧气的生物可能就是蓝藻，它可以通过光合作用，把二氧化碳转化为氧气。

光合作用主要有两个步骤：第一步是光反应阶段，在阳光的作用下，叶绿体可以将水转化为氧气和氢气；第二步是暗反应阶段，氢气可以与二氧化碳反应生成葡萄糖和水。

但是，现在的推测只能解释蓝藻可以进行光合作用，并不能解释为什么在它们诞生10亿年后，才让氧气含量突然升高，其中隐藏着的秘密，是人们一直探究的方向。

氧气的存在为多细胞生物的出现奠定了基础，也为后来的生命大爆发提供了先决条件。此后地球上生命的进化开始加速，慢慢出现了海绵、三叶虫、鹦鹉螺等，后来出现水生脊椎动物鱼类，最后又进化出陆生脊椎动物，当然也包括我们人类。

最早的生命曙光——单细胞生物

　　在大约 38 亿年前，地球的环境开始变得温和起来，第一个生命终于在海洋中诞生了，它们就是单细胞生物。

　　单细胞生物在生物界属于最低等、最原始的一类生物，主要包括细菌、真菌、病毒和原生生物，代表有酵母菌、草履虫、衣藻、眼虫、变形虫等。

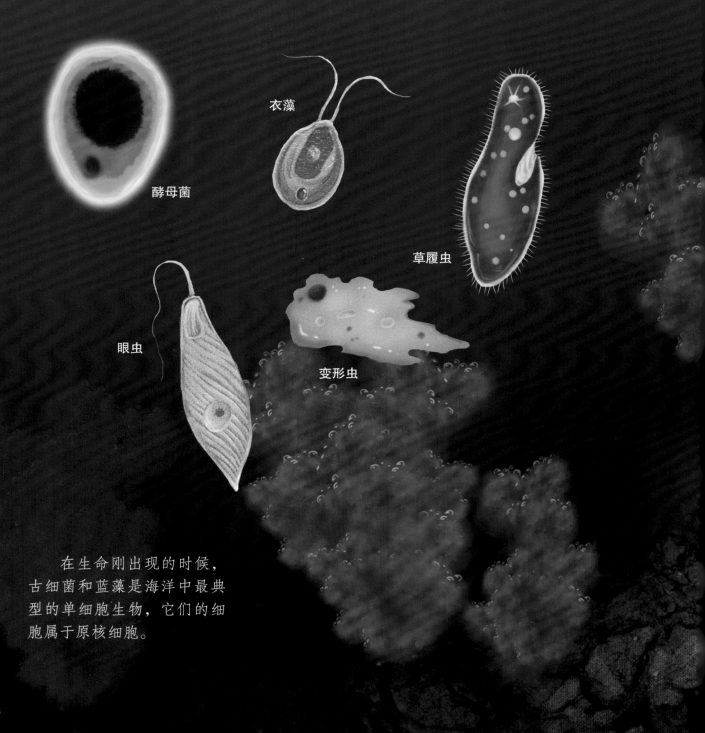

酵母菌

衣藻

草履虫

眼虫

变形虫

　　在生命刚出现的时候，古细菌和蓝藻是海洋中最典型的单细胞生物，它们的细胞属于原核细胞。

古细菌通常生活在热泉水、缺氧湖底、盐水湖等极端环境中，主要包括极端嗜热细菌、极端嗜盐细菌、嗜酸细菌、产甲烷菌等，它们都是厌氧型细菌。

蓝藻是典型的原核生物，它们没有细胞核，只有核物质。不同的蓝藻因为含有不同的色素，会呈现不同的颜色，常见的有蓝绿色、红色等。

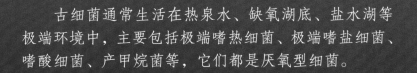

嗜热细菌

蓝藻类

在现代的海洋中，幽暗的深海中分布着海底热泉。海底热泉附近的温度极高，而且还含有许多有毒物质。神奇的是，海底热泉周围生活着许多生物。一些古生物学家认为，最初的生命也许就是在海底热泉附近出现的。

叠层石——生命演化最早期的记录者

　　藻类在生长过程中吸附了很多胶状和黏液质的沉积物之后，就会形成同心体的叠层石。正是根据叠层石的年龄，科学家推测出最早的生命体出现在 38 亿年前。

澳大利亚西部鲨鱼湾叠层石是蓝藻和其他藻类的遗迹，距今已经有 35 亿年了，也间接证明了生命的存在。

在格陵兰岛发现的岩石内部含有叠层石，这些岩石的年龄约 37 亿年，这也是目前发现的最早生命的遗迹之一。

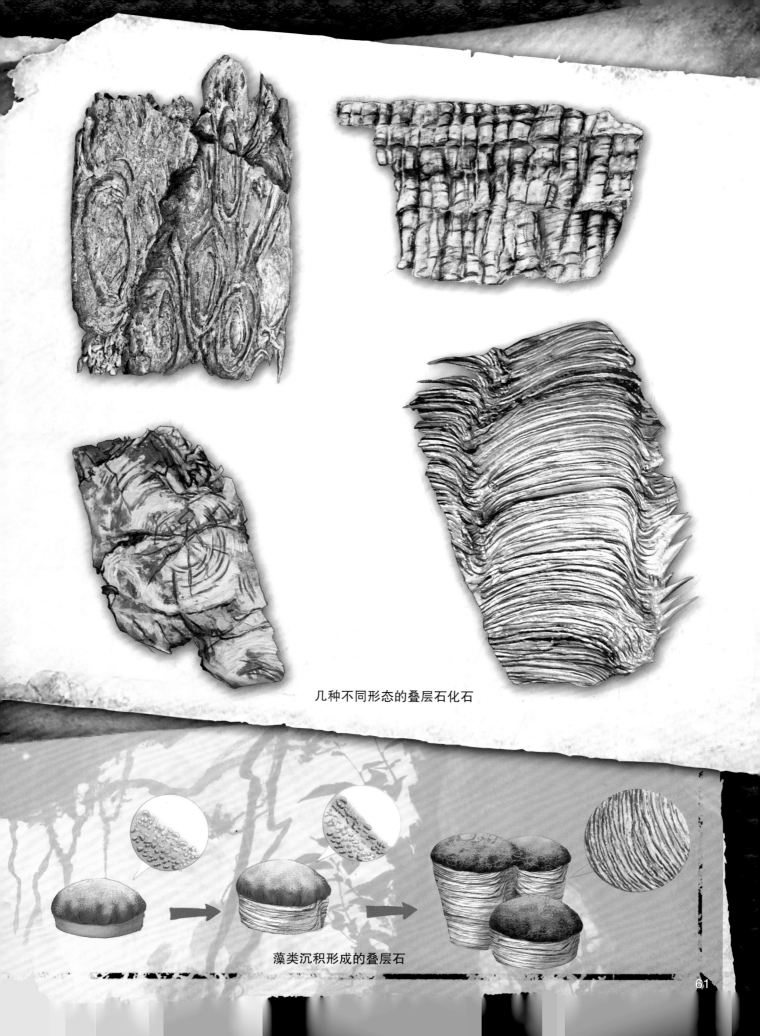

几种不同形态的叠层石化石

藻类沉积形成的叠层石

最原始的多细胞动物——海绵

氧气的出现彻底改变了地球的环境，生物从原核单细胞生物进化成真核单细胞生物，真核单细胞生物进一步进化，终于变成了多细胞生物。而最原始的真核多细胞生物就是海绵。

出水口

骨针

皮层细胞

孔细胞

领细胞

中央腔

变形细胞

进水小孔

海绵既没有头，也没有尾、躯干和四肢，更没有神经器官，它的身体只是多个细胞的集合体，是一种最简单的多细胞生物。海绵最早出现的时间可以追溯到6亿年前，可以说是之后所有物种的共同祖先。

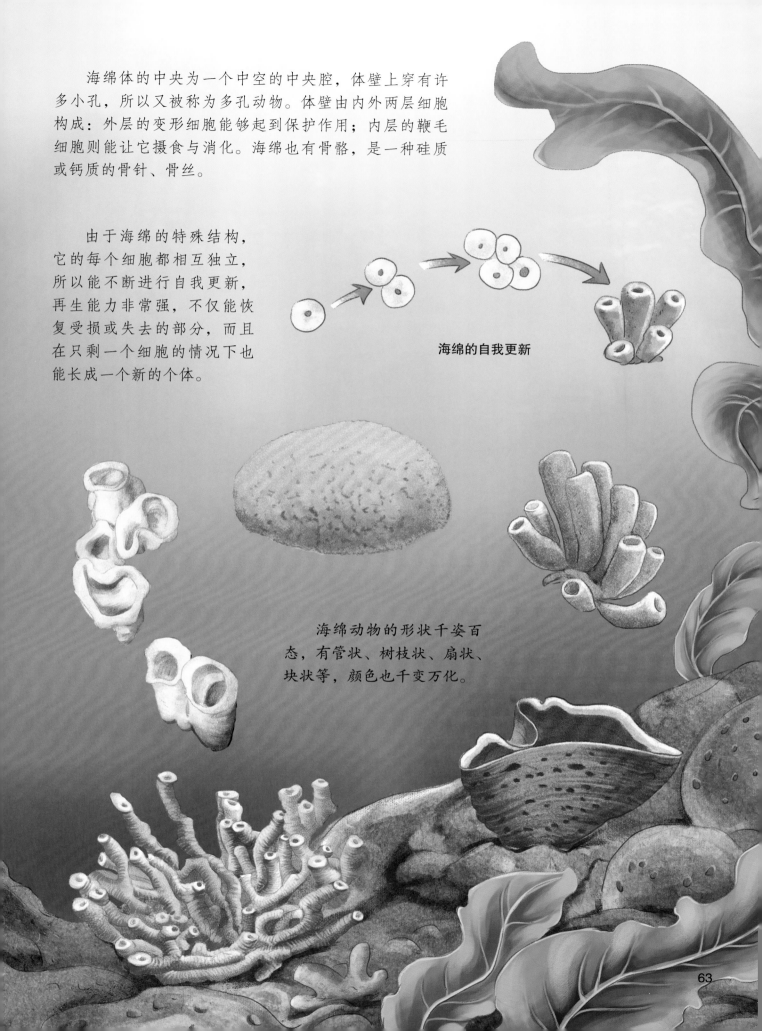

海绵体的中央为一个中空的中央腔，体壁上穿有许多小孔，所以又被称为多孔动物。体壁由内外两层细胞构成：外层的变形细胞能够起到保护作用；内层的鞭毛细胞则能让它摄食与消化。海绵也有骨骼，是一种硅质或钙质的骨针、骨丝。

由于海绵的特殊结构，它的每个细胞都相互独立，所以能不断进行自我更新，再生能力非常强，不仅能恢复受损或失去的部分，而且在只剩一个细胞的情况下也能长成一个新的个体。

海绵的自我更新

海绵动物的形状千姿百态，有管状、树枝状、扇状、块状等，颜色也千变万化。

63

无脊椎动物和脊椎动物

生命的最初形态是没有脊椎的，在漫长的演化过程中，脊椎动物逐渐进化出来，实现了从简单到复杂、从低级到高级的生物进化。

无脊椎动物的背上没有脊柱，是比较原始的进化物种，现存 100 余万种，主要包括原生动物、软体动物、节肢动物、扁形动物、线形动物、多孔动物、棘皮动物、腔肠动物、环节动物等。

由于没有真正的骨骼支撑身体，所以它们的身体一般都比较柔软，但是它们有用来支撑和保护身体的外骨骼，有时候也能长得很大。

无脊椎动物

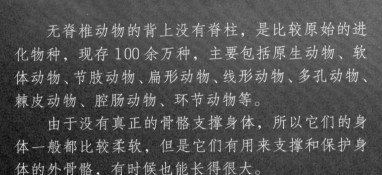

软体动物

原生动物

扁形动物

节肢动物

腔肠动物

棘皮动物

环节动物

多孔动物

线形动物

64

脊椎动物拥有头颅和脊椎骨，它们由无脊椎动物进化而来,有比较完善的感觉器官、运动器官和高度分化的神经系统。

脊椎动物包括圆口类动物、鱼类、两栖动物、爬行动物、鸟类和哺乳动物。

脊椎动物

哺乳动物

爬行动物

圆口类动物

鱼类

两栖动物

鸟类

国际年代地层表

宇(宙)	界(代)	系(纪)	统(世)		阶(期)	GSSP	年龄值(Ma)
							现今
显生宇	新生界	第四系	全新统	上/晚	梅加拉亚阶		0.0042
				中	诺斯格瑞比阶		0.0082
				下/早	格陵兰阶		0.0117
			更新统	上/晚	上阶		0.129
				中	千叶阶		0.774
				下/早	卡拉布里雅阶		1.80
					杰拉阶		2.58
		新近系	上新统	上/晚	皮亚琴察阶		3.600
				下/早	赞克勒阶		5.333
			中新统	上/晚	墨西拿阶		7.246
					托尔托纳阶		11.63
				中	塞拉瓦莱阶		13.82
					兰盖阶		15.98
				下/早	波尔多阶		20.44
					阿基坦阶		23.03
		古近系	渐新统		夏特阶		27.82
					吕珀尔阶		33.9
			始新统		普利亚本阶		37.71
					巴顿阶		41.2
					卢泰特阶		47.8
					伊普里斯阶		56.0
			古新统		坦尼特阶		59.2
					塞兰特阶		61.6
					丹麦阶		66.0
	中生界	白垩系	上白垩统		马斯特里赫特阶		72.1 ± 0.2
					坎潘阶		83.6 ± 0.2
					圣通阶		86.3 ± 0.5
					康尼亚克阶		89.8 ± 0.3
					土伦阶		93.9
					塞诺曼阶		100.5
			下白垩统		阿尔布阶		~ 113.0
					阿普特阶		~ 121.4
					巴雷姆阶		125.77
					欧特里夫阶		~ 132.6
					瓦兰今阶		~ 139.8
					贝里阿斯阶		~ 145.0

宇(宙)	界(代)	系(纪)	统(世)		阶(期)	GSSP	年龄值(Ma)
							~145.0
显生宇	中生界	侏罗系	上侏罗统		提塘阶		149.2 ± 0.7
					钦莫利阶		154.8 ± 0.8
					牛津阶		161.5 ± 1.0
			中侏罗统		卡洛夫阶		165.3 ± 1.1
					巴通阶		168.2 ± 1.2
					巴柔阶		170.9 ± 0.8
					阿林阶		174.7 ± 0.8
			下侏罗统		托阿尔阶		184.2 ± 0.3
					普林斯巴阶		192.9 ± 0.3
					辛涅缪尔阶		199.5 ± 0.3
					赫塘阶		201.4 ± 0.2
		三叠系	上三叠统		瑞替阶		~ 208.5
					诺利阶		~ 227
					卡尼阶		~ 237
			中三叠统		拉丁阶		~ 242
					安尼阶		247.2
			下三叠统		奥伦尼克阶		251.2
					印度阶		251.902 ± 0.0
	古生界	二叠系	乐平统		长兴阶		254.14 ± 0.0
					吴家坪阶		259.51 ± 0.2
			瓜德鲁普统		卡匹敦阶		264.28 ± 0.1
					沃德阶		266.9 ± 0.4
					罗德阶		273.01 ± 0.1
			乌拉尔统		空谷阶		283.5 ± 0.6
					亚丁斯克阶		290.1 ± 0.26
					萨克马尔阶		293.52 ± 0.1
					阿瑟尔阶		298.9 ± 0.15
		石炭系	宾夕法尼亚亚系	上	格舍尔阶		303.7 ± 0.1
					卡西莫夫阶		307.0 ± 0.1
				中	莫斯科阶		315.2 ± 0.2
				下	巴什基尔阶		323.2 ± 0.4
			密西西比亚系	上	谢尔普霍夫阶		330.9 ± 0.2
				中	维宪阶		346.7 ± 0.4
				下	杜内阶		358.9 ± 0.4

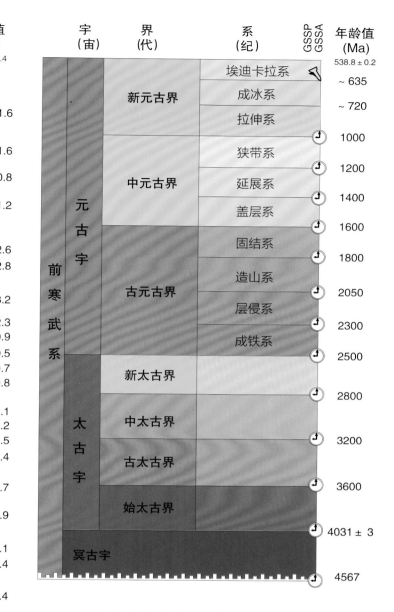

宇(宙)	界(代)	系(纪)	统(世)	阶(期)	GSSP	年龄值(Ma)
						358.9 ± 0.4
显生宇	古生界	泥盆系	上泥盆统	法门阶		
						372.2 ± 1.6
				弗拉阶		
						382.7 ± 1.6
			中泥盆统	吉维特阶		
						387.7 ± 0.8
				艾菲尔阶		
						393.3 ± 1.2
			下泥盆统	埃姆斯阶		
						407.6 ± 2.6
				布拉格阶		410.8 ± 2.8
				洛赫考夫阶		
						419.2 ± 3.2
		志留系	普里道利统			423.0 ± 2.3
			罗德洛统	卢德福特阶		425.6 ± 0.9
				高斯特阶		427.4 ± 0.5
			温洛克统	侯墨阶		430.5 ± 0.7
				申伍德阶		433.4 ± 0.8
			兰多维列统	特列奇阶		438.5 ± 1.1
				埃隆阶		440.8 ± 1.2
				鲁丹阶		443.8 ± 1.5
		奥陶系	上奥陶统	赫南特阶		445.2 ± 1.4
				凯迪阶		
						453.0 ± 0.7
				桑比阶		
						458.4 ± 0.9
			中奥陶统	达瑞威尔阶		
						467.3 ± 1.1
				大坪阶		470.0 ± 1.4
			下奥陶统	弗洛阶		
						477.7 ± 1.4
				特马豆克阶		
						485.4 ± 1.9
		寒武系	芙蓉统	第十阶		
						~ 489.5
				江山阶		
						~ 494
				排碧阶		~ 497
			苗岭统	古丈阶		
						~ 500.5
				鼓山阶		
						~ 504.5
				乌溜阶		
						~ 509
			第二统	*第四阶*		
						~ 514
				第三阶		
						~ 521
			纽芬兰统	*第二阶*		
						~ 529
				幸运阶		
						538.8 ± 0.2

宇(宙)	界(代)	系(纪)	GSSP GSSA	年龄值(Ma)
				538.8 ± 0.2
前寒武系	元古宇	新元古界	埃迪卡拉系	
				~ 635
			成冰系	
				~ 720
			拉伸系	
				1000
		中元古界	狭带系	
				1200
			延展系	
				1400
			盖层系	
				1600
		古元古界	固结系	
				1800
			造山系	
				2050
			层侵系	
				2300
			成铁系	
				2500
	太古宇	新太古界		
				2800
		中太古界		
				3200
		古太古界		
				3600
		始太古界		
				4031 ± 3
	冥古宇			
				4567

所有全球年代地层单位均由其底界的全球界线层型剖面和点位（GSSP）界定，包括长期由全球标准地层年龄（GSSA）界定的太古宇和元古宇各单位。斜体代表非正式名称或尚未命名单位的临时名称。

年龄值仍在不断修订；显生宇和埃迪卡拉系的单位不能由年龄界定，而只能由GSSP界定。显生宇中没有确定GSSP或精确年龄值的单位，则标注了近似年龄值（～）。

名词解释

恒星：由炽热的气体组成的天体，可以自己发光。例如，太阳就是一颗恒星。

行星：在轨道上围绕着恒星运转的，不会发光的天体。例如，地球就是一颗行星，一直在椭圆轨道上围绕着太阳运行。地球本身不会发光，依靠反射太阳光而发出光亮。

卫星：围绕着行星运动的天体。目前，在太阳系中，不仅有天然卫星，还有人造卫星。

万有引力：任何两个物体之间由于具有质量而产生的相互吸引力。这个定律是由英国物理学家牛顿提出的。

自转和公转：公转是指天体绕着天体系统主体轨道运动的现象，例如，太阳系中的行星、彗星等天体都围绕着太阳运动。自转是指天体或天体系统围绕着轴心自行旋转的现象。

进化论：关于生物界发展的一般规律的学说。达尔文在《物种起源》中指出，生物进化的主导力量是自然选择，经过几代的选择作用，适者生存，不适者淘汰。

DNA：指脱氧核糖核酸，是储存、复制、传递遗传信息的物质。

光合作用：绿色植物和蓝细菌吸收利用太阳光的能量，同化二氧化碳和水，制造有机物并释放氧气的过程。